1947 Heft 1/2

# EMA

# DIE ELEKTRISCHE MASCHINE

Mitteilungen für das Deutsche Elektromaschinenbauerhandwerk

Herausgegeben von Zivilingenieur Fritz Kaskop, Sachverständiger für elektrische Maschinen . Technischer Verlag Herbert Cram, Berlin W 35

# EMA

## DIE ELEKTRISCHE MASCHINE

1947 Heft 1/2

## GELEITWORT

Mit der Herausgabe des Heftes Nr. 3, Jahrgang 1943 mußte die Fachzeitschrift „EMA“ — Die elektrische Maschine, zum großen Bedauern der Bezieher ihr Erscheinen bis auf weiteres einstellen.

Nach einer Pause von mehr als 4 Jahren unternimmt Verleger und Herausgeber auf Grund zahlreicher und wiederholter Anregungen aus dem Kreise der EMA-Freunde den Versuch, die derzeitige, empfindliche Lücke in der speziellen Fachliteratur des Elektromaschinenbauers durch das Erscheinen einer EMA-Schriftenreihe bestmöglichst zu überbrücken.

Im Hinblick auf die z. Z. noch bestehenden Schwierigkeiten ist zunächst geplant, in Abständen von etwa 2 Monaten ein Doppelheft in der vorliegenden Ausführung herauszubringen und zur gegebenen Zeit auf das planmäßige monatliche Erscheinen der früheren Fachzeitschrift „EMA“ überzugehen.

Infolge der zurückliegenden Ereignisse ist bei einem großen Teil der Elektromaschinenbauer die eigene Fachbücherei und damit auch die bisher erschienenen Jahrgänge der EMA ganz oder teilweise in Verlust geraten. Es ist daher beabsichtigt, besonders wichtige Fachaufsätze aus den früheren EMA-Jahrgängen erneut zum Abdruck zu bringen und hiermit den verständlichen Wünschen der Betroffenen Rechnung zu tragen.

Verlag und Herausgeber richten gleichzeitig an alle EMA-Freunde die Bitte, den allseitig gewünschten und durch das Erscheinen der EMA-Schriftenreihe beabsichtigten fachlichen Erfahrungsaustausch durch rege Beteiligung an der textlichen Ausgestaltung der Hefte zu unterstützen.

Zuschriften, die den Textteil betreffen, bitten wir an: Herrn Civilingenieur Fritz Raskop (13 b), Friesenried über Kaufbeuren zu richten.

Verlag und Herausgeber.

*Fritz Raskop:*

# Die Aufgaben und der Einsatz des Elektromaschinenbauerhandwerkes im Rahmen des Wiederaufbaues der deutschen Friedenswirtschaft

Unter den, durch die Kriegsgeschehnisse stark in Mitleidenschaft gezogenen Handwerksbetrieben befinden sich auch eine große Zahl der dem Elektromaschinenbauerhandwerk angehörenden, selbständigen Handwerksunternehmen. Ihre Aufgabe war und ist es, die in der Industrie, in der Verkehrs- und Landwirtschaft, sowie in den übrigen gewerblichen Betrieben und im Haushalt anfallenden elektrischen Maschinen kurzfristig, fach- und sachgemäß wieder instandzusetzen.

Die große Bedeutung, die dem Elektromaschinenbauerhandwerk beim Wiederaufbau einer neuen deutschen Friedenswirtschaft zukommt, geht allein aus der Tatsache hervor, daß ein Ersatz beschädigter elektrischer Maschinen durch Neuherstellung auch in absehbarer Zeit wohl nur in wenigen, besonders dringlichen Einzelfällen möglich sein wird. Für den Regelfall wird man auf die Instandsetzung vorhandener, wenn auch mehr oder weniger stark beschädigten Maschinen zurückgreifen müssen, wenn es sich darum handelt, einen vorhandenen elektromotorischen Antrieb aufrechtzuerhalten, oder einen darniederliegenden Betrieb wieder in Gang zu setzen.

Der elektromotorische Antrieb ist in fast allen Betrieben der Wirtschaft ein primärer Faktor von oftmals entscheidender Bedeutung. Von der einwandfreien Funktion dieser Antriebe ist die Ingangsetzung und Aufrechterhaltung der Wirtschaft, die Einstellung von Arbeitskräften in größerem Umfang und letzten Endes die Wiedergutmachung der durch den Krieg verursachten Schäden im hohen Maße abhängig.

Die Aktivierung des Elektromaschinenbauerhandwerkes und der möglichst vollwertige Einsatz desselben beim Wiederaufbau der Wirtschaft, macht die Einleitung einer Reihe von Maßnahmen erforderlich, von denen an erster Stelle die spezielle berufliche Betreuung und Unterstützung dieses Handwerkes genannt werden kann.

Das deutsche Elektromaschinenbauerhandwerk hatte in den Jahren 1922 bis 1933 eine, allen Anforderungen gewachsene, anerkannt leistungsfähige Fachorganisation, den RELMA - Reichsverband der Elektromaschinenfabriken und Reparaturwerke elektrischer Maschinen, e. V., mit dem Sitz in Düsseldorf. Dieser Organisation gehörten alle wirklich leistungsfähigen Unternehmen der einschlägigen Art als freiwilliges Mitglied an. Durch die Machtergreifung der NSDAP im Jahre 1933 wurde diese, in echter Gemeinschaftsarbeit mühselig, aber erfolgreich aufgebaute Reichs-Berufsvertretung zum schweren Nachteil des gesamten Berufsstandes rücksichtslos zerschlagen. Den mit der Führung seitens der Partei beauftragten Männern ist es nicht gelungen, anstelle des RELMA-Verbandes eine auch nur in etwa gleichwertige Organisation für das Elektromaschinenbauerhandwerk zu schaffen. Die kümmerliche Lösung, die das damalige Problem durch die Schaffung einer Fachgruppe innerhalb des Reichsinnungsverbandes des Elektrohandwerkes erfuhr, war und ist eine nutzlose Halbheit geblieben. Von einer wirklich fachlichen Betreuung und Förderung des Elektromaschinenbauerhandwerkes kann in den Jahren des nationalsozialistischen Regimes keine Rede sein. Hierzu fehlten die Voraussetzungen persönlicher und sachlicher Art, wie die Erfahrung bewiesen hat.

Umsomehr erscheint es heute geboten, dieser Frage erhöhte Aufmerksamkeit zu widmen und eine neue, den nunmehr gegebenen Verhältnissen angepaßte Lösung anzustreben und herbeizuführen.

Für die Schaffung diesbezüglicher Voraussetzungen ist die

Fachzeitschrift

als verbindendes Glied unter den, in den verschiedenen Zonen ansässigen Fachgenossen ein ausgezeichnetes, schwer zu ersetzendes Mittel. Es existiert wohl kaum ein Handwerk, dessen vollwertiger Einsatz in so hohem Maße von dem gegenseitigen Erfahrungsaustausch abhängig ist. Diese spezielle Fachzeitschrift hatte das Elektromaschinenbauerhandwerk in der „EMA" — Die elektrische Maschine. Der bisherige Verlag dieser Zeitschrift ist und bleibt bemüht, das planmäßige Wiedererscheinen der „EMA" zu ermöglichen.

In der gegenwärtigen, werkstoffknappen Zeit spielt ein örtlicher und regionaler Werkstoffaustausch für den möglichst vollwertigen Einsatz des Handwerkes eine überragende Rolle. Überall mangelt es an besponnenen und lackierten Dynamodrähten, Isolierstoffen, Isolierlacken, Handwerkszeugen, Werkzeugmaschinen, Fachbüchern, Schaltbildern, Wickeldaten und an einer technischen Beratung. Dieser Mangel kann vorläufig und im wesentlichen nur auf dem Wege des gegenseitigen Austausches überbrückt werden und daher handelt es sich hier um eine Frage von höchster Aktualität. Aber auch die Wiederaufnahme der Fühlung mit den Werkstofflieferanten, die Einschaltung in der Zuteilung der Mangelstoffe, die Wiederbeschaffung unbrauchbarer oder abgegebener Werkzeugmaschinen und Hilfsgeräte für die notwendige Werkstattausrüstung, die Beschaffung der Baugenehmigung und der Baustoffe für den Wiederaufbau zerstörter oder beschädigter Gebäude bzw. Gebäudeteile usw. bringen für den Handwerksmeister die Notwendigkeit einer umfassenden Beratung und Betreuung mit sich.

Von der baldigen Lösung aller hiermit zusammenhängender Einzelprobleme ist der vollwertige Einsatz des Elektromaschinenbauerhandwerkes und damit die Einschaltung desselben in den Wiederaufbau der Wirtschaft im wesentlichen abhängig.

Die Facharbeiterfrage spielt neben den vorerwähnten eine nicht zu unterschätzende Rolle. Es wird die Aufgabe des selbständigen Handwerksmeisters sein, seine Werkstattbelegschaft mit der erforderlichen Anzahl universell ausgebildeter Fachkräfte sowie mit den nötigen Hilfskräften zu besetzen, und die Voraussetzungen für die Heranbildung eines leistungsfähigen handwerklichen Nachwuchses in seinem Betriebe zu schaffen. Die teilweise recht guten Erfahrungen, die in den Instandsetzungswerkstätten elektrischer Maschinen mit dem Einsatz weiblicher Arbeitskräfte in den letzten Jahren gemacht wurden, dürfen nicht darüber hinwegtäuschen, daß die Wiedereinstellung entlassener Soldaten und insbesondere Kriegsbeschädigter, die zwangsläufige Entfernung zumindest eines Teiles der weiblichen Belegschaftsmitglieder von ihren bisherigen Arbeitsplätzen nach sich ziehen wird.

Der hiermit zusammenhängende Ausgleich zwischen Angebot und Nachfrage ist wiederum eine dankbare Aufgabe der Fachzeitschrift, da ein verhältnismäßig großer Teil der Fachkräfte für das Elektromaschinenbauerhandwerk infolge der Kriegsgeschehnisse ihren früheren Wohnsitz gewechselt und die Fühlung mit den heimatlichen Betrieben mehr oder weniger verloren haben.

Die derzeitige, außergewöhnliche Werkstoffknappheit wird, zumindest vorübergehend, die bevorzugte Anwendung solcher Wicklungsarten erfordern, die eine höchstmögliche Auswertung der noch vorhandenen Bestände an Dynamodrähten, insbesondere an Lackdrähten gewährleisten. Es kommt z. Zt. sehr darauf an, mit den wenigen vorhandenen Drahtdimensionen einen möglichst großen Bereich der anfallenden Maschinenleistungen zu erfassen. Das ist bei Drehstrommaschinen beispielsweise durch die Anwendung der Zweischichten-Formspulenwicklung mit Spulen gleicher oder ungleicher Weite möglich.

Die beschleunigte und aussichtsreiche Einführung dieser Wicklungsart auf breiter Basis steht in unmittelbarem Zusammenhang mit der Bekanntgabe bewährter Herstellungsverfahren und Schaltbilder, sowie eine bildliche Vermittlung bewährter Hilfswerkzeuge für die zweckdienliche Formung der Wicklungselemente. Der weitaus größte Teil der Instandsetzungswerkstätten ist mit dieser Wicklungsart noch nicht so vertraut, wie es eine zeitgemäße, vor allen Dingen wirtschaftliche Verwendung der Werkstoffe erfordert. Ein immerhin nennenswerter Teil steht der Dreiphasen-Zweischichtenwicklung, vor allen Dingen derjenigen mit Spulen ungleicher Weite, noch fremd gegenüber. Die Gründe hierfür können und müssen im allgemeinen Interesse durch die Veröffentlichung aufklärender Fachaufsätze und durch die Einleitung eines fachlichen Erfahrungsaustausches im Rahmen der Fachzeitschrift beseitigt werden.

Eine große Zahl der durch die Kriegsgeschehnisse ausgefallenen Maschinen hat durch Brandschaden mehr oder weniger gelitten. Die Verwendungsmöglichkeit der aktiven Blechpakete muß überprüft und für die Aufbereitung derselben müssen leicht durchführbare Arbeitsverfahren bekanntgegeben werden. Ein großer Teil der elektrischen Maschinen wird einem anderen Verwendungszweck zugeführt werden müssen und hierbei wird ein Umbau oder eine Umwicklung für andere Drehzahlen, Spannungen und Leistungen, vereinzelt auch für andere Frequenzen in Betracht kommen.

Die Herstellerfirmen haben zum großen Teil ihre technischen Unterlagen für ihre Maschinen, insbesondere die Wickel- und Schaltunterlagen verloren. Die bei der Instandsetzung bzw. Neuwicklung benötigten Wickel- und Schaltunterlagen müssen sich die Instandsetzungsunternehmen durch Rekonstruktion oder Neuberechnung selbst beschaffen, sofern dieselben nicht aus eigenen Archiven zur Verfügung stehen. Hier ist ein kameradschaftlicher Austausch und eine umfassende technische Beratung von größtem Wert.

In manchen Fällen hängt die Wiederverwendung beschädigter elektrischer Maschinen von der Beschaffung wichtiger Ersatzteile, wie Lagerschilde, Schleifringe, Kollektoren, Bürstenabhebevorrichtung, Läuferwellen usw., ab, die z. Zt. wohl nur auf dem Austauschwege beschafft werden können. Dies trifft ganz besonders bei An- und Einbaumaschinen (Sonderausführungen) zu.

Im Zusammenhang mit der Aktivierung und dem Einsatz des Elektromaschinenbauerhandwerkes stehen somit eine Reihe wichtiger Aufgaben, deren kurzfristige und glückliche Lösung nur durch eine zielstrebige Lenkung des gesamten Handwerkes zum Segen des Berufsstandes und der Allgemeinheit erreicht werden kann und daher auch durch eine kameradschaftliche Zusammenarbeit aller Fachgenossen erreicht werden muß.

Es ist der Zweck der vorstehenden Ausführungen, der großen Gemeinschaft der Elektromaschinenbauer-Handwerker die Anregung hierzu zu vermitteln und damit den Auftakt zu einer segensreichen Gemeinschaftsarbeit zu geben, die sich im Rahmen des Wiederaufbauwerkes im allgemeinen Interesse auswirken wird.

# Die Dreiphasen (Drehstrom) - Zweischichtenwicklungen mit Spulen gleicher und ungleicher Weite (Formspulenwicklungen).

Von Fritz Raskop

Das Bestreben der Konstrukteure und Berechner elektrischer Maschinen, durch Einsparung von aktiven und passiven Baustoffen gewichtsmäßig leichtere und somit preiswertere Maschinen herzustellen, war bisher lediglich durch dieVDE-Vorschriften (REM und RET) hinsichtlich Erwärmung und Gütewerte der Isolierstoffe begrenzt.

Betrachtet man die im Drehstrommotorenbau bisher angewandten Wicklungsarten, so läßt sich leicht das Bestreben der Erbauer feststellen, die jeweils für den Aufbau einer Wicklung notwendigen aktiven Leiter mit geringstem Zeitaufwand in einen möglichst kleinen Wickelraum betriebssicher anzuordnen. Die Maschineneinheiten sind, bezogen auf Bauart, Leistung und Drehzahl, durch den entwicklungsmäßigen Fortschritt im Elektromaschinenbau gewichtsmäßig und räumlich immer kleiner geworden. Hieraus ergab sich ganz zwangsläufig auch eine Verkleinerung des Wickelraumes, der in vielen Fällen durch die Anordnung eines Lüfters auf der Läuferwelle noch weiter eingeengt wurde.

Es waren also einerseits entwicklungsmäßig bedingte Faktoren, andrerseits aber auch rein wirtschaftliche Erwägungen, die zur Anwendung solcher Wicklungsarten führten, welche den geringsten Wickelraum beanspruchen und bezüglich Arbeitszeitaufwand anderen Wicklungsarten überlegen sind.

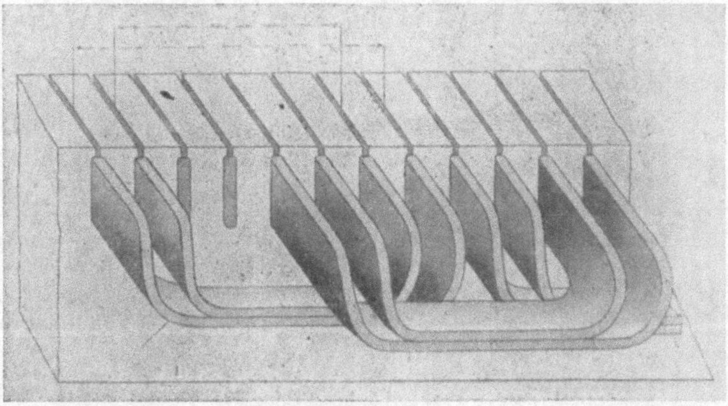

*Abb. 1*

Die Entwicklung auf diesem Spezialgebiete begann mit der Einschicht - Zweietagen - Handwicklung mit Spulen ungleicher Weite (Abb. 1), die sich aus den Kinderjahren des Drehstrommotors bis zum heutigen Tage behaupten konnte.

Die Vorteile dieser Wicklungsart liegen erfahrungsgemäß in der hohen Betriebssicherheit, der einfachen Schaltung und der leichten Auswechselbarkeit einzelner Wicklungselemente bei späteren Instandsetzungen. Als Nachteil gegenüber neuzeitlichen Wicklungsarten kann zunächst der relative Raumbedarf, Werkstoff- und Arbeitszeitaufwand angeführt werden, der vergleichsweise erheblich größer ist, als bei den neuzeitlichen Zweischichtenwicklungen. Aber auch die Ungleichheiten in den gestreckten Längen der einzelnen Wicklungselemente unter sich (obere und untere Wicklungslage), insbesondere der Kühleffekt (Abgabe der Stromwärme an die Kühlluft) dieser Wicklungsart, führten im Zuge des entwicklungmäßig bedingten Fortschrittes im Elektromaschinenbau allmählich zur fast restlosen Aufgabe derselben.

In der Absicht, die Wicklung in einen noch kleineren Raum anzuordnen, die Wickelzeiten herabzusetzen und Wickelmetall zu sparen, gewann zunächst die Einschicht-Formspulenwicklung mit Spulen gleicher Weite eine (allerdings vorübergehende) Bedeutung. In der Abb. 2 ist diese Wicklungsart schematisch dargestellt.

Man war sogar geneigt, die Vorteile der Einschicht-Formspulenwicklung gegebenenfalls durch Einbuße an Betriebssicherheit und Lebens-

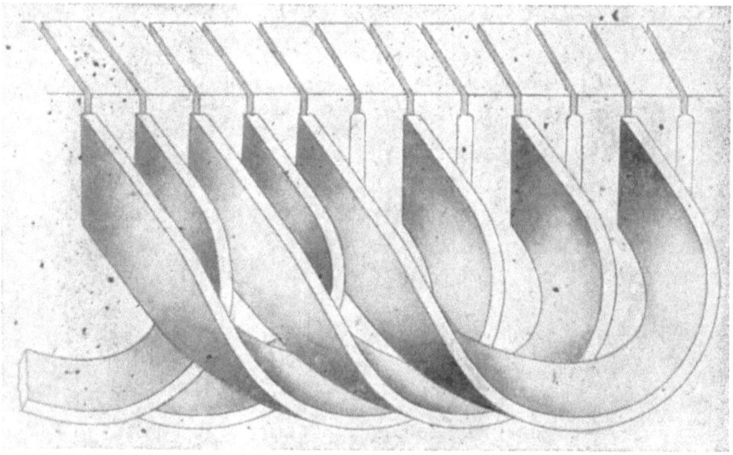

*Abb. 2*

dauer zu erkaufen. Die Rückschläge mit der Einschicht-Formspulenwicklung (Wildwicklung) waren anfänglich erheblich und eine Anwendung auf breiter Basis ist eigentlich nicht in Erscheinung getreten.

Dennoch hat die Einschicht-Formspulenwicklung mit Spulen gleicher Weite den endgültigen Übergang von der Handwicklung zur Formspulenwicklung eingeleitet.

Wenn sich die Zweischichten-Wicklung in der Drehstrommotoren-Wickelei erst in jüngster Zeit endgültig durchsetzen konnte, so liegt die Ursache hierfür einerseits an dem (allerdings nur scheinbar) komplizierten Aufbau derselben und an Ausführungsschwierigkeiten, die in der Regel beim Übergang auf diese Wicklungsart vorübergehend in Erscheinung treten. Anderseits hat es in Fachkreisen einer langen Zeit bedurft, um die mannigfachen Vorteile zu erkennen und auszuwerten, welche die Zweischichtenwicklungen gegenüber den Einschichtwicklungen bieten.

Die Vorurteile, die gegenüber den Zweischichtenwicklungen lange Zeit bei den Herstellern von Drehstrommotoren bestanden, sind in der Sparte „Instandsetzung- und Neuwicklung“ noch nicht gänzlich ausgeräumt. Es besteht zweifellos noch in mancher Instandsetzungswerkstatt die Übung, gelegentlich einer Neuwicklung die vom Hersteller angewandte und vorgefundene Zweischichtenwicklung durch die bisher

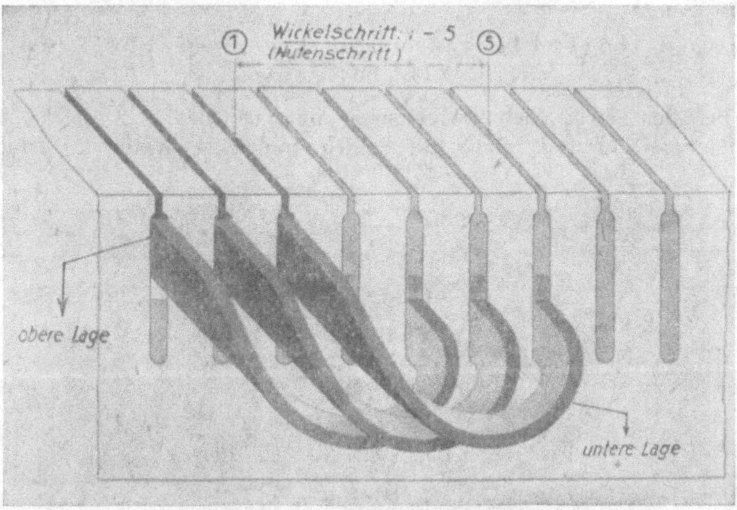


*Abb. 3*

allgemein übliche Einschichtwicklung zu ersetzen. Die Gründe hierfür sind in der Regel die gleichen, die bereits vorstehend dargelegt wurden. Erschwerend mag hier noch der Umstand gelten, daß es zur Zeit in den Instandsetzungswerkstätten elektrischer Maschinen an Fachkräften mangelt, die auf dem Spezialgebiet der Wickelei universell ausgebildet sind und auf eine ausreichende Praxis zurückblicken können. Es fehlt vielfach auch an Formwerkzeugen und Maschinen, mit deren Hilfe die Wicklungselemente für Zweischichtenwicklungen mit Spulen gleicher und ungleicher Weite kurzfristig und vor allen Dingen einbaufertig geformt, hergestellt werden können.

Unter Berücksichtigung aller dieser Umstände kann kein Zweifel bestehen, daß in besonders gelagerten Ausnahmefällen die alte Zweietagen-Einschichtwicklung mit Spulen ungleicher Weite, sowohl der Einschichtwicklung mit Spulen gleicher Weite (Abb. 2), als auch den

Zweischichtenwicklungen gegenüber vorzuziehen ist. Die Gründe hierfür können verschieden sein. Es kann sich jedoch nur um Ausnahmefälle handeln, die die Richtigkeit des Regelfalles lediglich bestätigen.

Bei den z. Zt. noch bestehenden Unklarheiten erscheint es zweckmäßig, die Dreiphasen-Zweischichtenwicklungen nach dem derzeitigen Stand der Technik ausführlich zu behandeln und Mittel und Wege aufzuzeigen, die zur Überwindung bestehender Herstellungsschwierigkeiten beitragen können.

## Der konstruktive Aufbau der Zweischichten-Wicklungen

Bei den Zweischichtenwicklungen unterscheidet man solche mit Spulen gleicher und solche mit Spulen ungleicher Weite (Mehrfach-

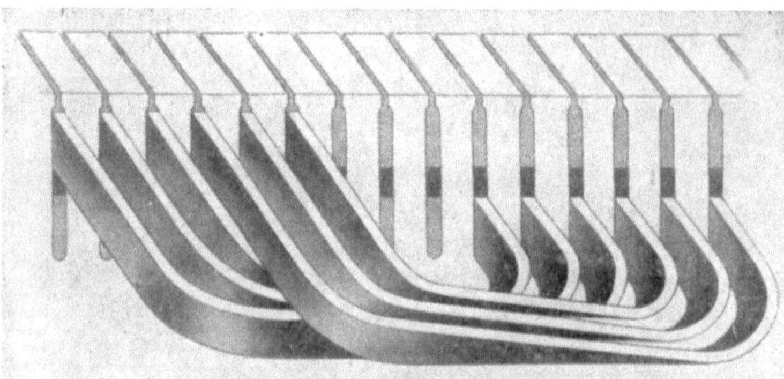

*Abb. 4*

spulen). In der Abb. 3 ist diese Wicklungsart mit Spulen gleicher Weite, in der Abb. 4 sind die Spulen ungleicher Weite dargestellt.

Die immer kleiner werdenden Wicklungsräume führten zunächst zur Anwendung der Zweischichtenwicklung mit Spulen gleicher Weite. Anschließend gewann die Zweischichtenwicklung mit Spulen ungleicher Weite (Mehrfachspulen) an Bedeutung. Die Einführung beider Wicklungsarten wurde auch durch die erhöhte Anwendung polumschaltbarer Drehstrommotoren beeinflußt.

Die hervorstechenden Merkmale der Zweischichtenwicklungen können etwa wie folgt zusammengefaßt werden:

a) Minimum an Raumbedarf,

b) großer Bereich an Schaltmöglichkeiten,

c) geringer Werkstoffbedarf,

d) Möglichkeit vereinfachter Schaltmethoden } geringer Zeitaufwand
e) Möglichkeit vereinfachter Wickelmethoden }

f) Erzielung eines guten Kühleffektes.

Hinsichtlich der Schaltmöglichkeiten sei beispielsweise erwähnt, daß eine 4polige Zweischichtenwicklung in folgenden Variationen ausgeführt werden kann:

1. 1 Draht, je Phase 4 Spulen in Serie,
2. 1 „ „ „ 2 Spulen parallel,
3. 1 „ „ „ 4 Spulen parallel,
4. 2 Drähte parallel, je Phase 4 Spulen in Serie,
5. 2 „ „ „ „ 2 Spulen parallel,
6. 2 „ „ „ „ 4 Spulen parallel,
7. 3 Drähte parallel, je Phase 4 Spulen in Serie,
8. 3 „ „ „ „ 2 Spulen parallel,
9. 3 „ „ „ „ 4 Spulen parallel.

Bei der 6poligen Wicklung bestehen 15 Schaltmöglichkeiten.

Es ist daher möglich, mit nur einem Drahtdurchmesser 4polige Drehstrommotoren für Leistungen von 1, 2, 3, 4, 6, 8 und 12 kW zu wickeln.

Von einer großen Anzahl dieser Schaltmöglichkeiten kann in der Praxis Gebrauch gemacht werden, vor allen Dingen dann, wenn gelegentlich einer Neuwicklung 2 . Bw. oder papierisolierte Drähte vorgefunden und diese durch Lackdrähte ersetzt werden können. Auf diese Weise lassen sich Drehstrommotoren bis etwa 30 kW Leistung mit einer Zweischichten-Lackdrahtwicklung vorteilhaft ausrüsten. Die Wicklungselemente bleiben infolge der hohen Unterteilung des Leiterquerschnittes leicht formbar und die Wickelarbeit bereitet selbst bei 2poligen Motoren keinerlei Schwierigkeiten.

Mit Rücksicht auf die derzeitigen Beschaffungsschwierigkeiten bieten die Zweischichtenwicklungen auch hinsichtlich der Lagerhaltung in Dynamodrähten und somit bezüglich der Lieferzeiten nennenswerte Vorteile. Mit relativ wenigen Drahtquerschnitten kann man einen großen Leistungsbereich erfassen.

Die Dreiphasen-Zweischichtenwicklungen können als aufgeschnittene Gleichstromanker-Formspulenwicklungen bezeichnet werden, da sie mit den Gleichstromankerwicklungen hinsichtlich der Prinzipanordnung der Spulen identisch sind. Man kann beispielsweise eine normale Gleichstromanker - Formspulenwicklung in Zweischichten - Ausführung durch einen recht einfachen Eingriff in eine Dreiphasen-Wicklung umändern, wie das beispielsweise beim Umbau einer Gleichstrommaschine in einen Einanker-Umformer für Gleichstrom/Drehstrom (bzw. Drehstrom/Gleichstrom) praktisch üblich ist. Der konstruktive Aufbau der Dreiphasen-Zweischichtenwicklungen ist daher älter, als vielfach angenommen wird.

Bei den Wicklungen mit Spulen gleicher Weite haben alle Wicklungselemente denselben Wickelschritt (Nutenschritt). Im Gegensatz

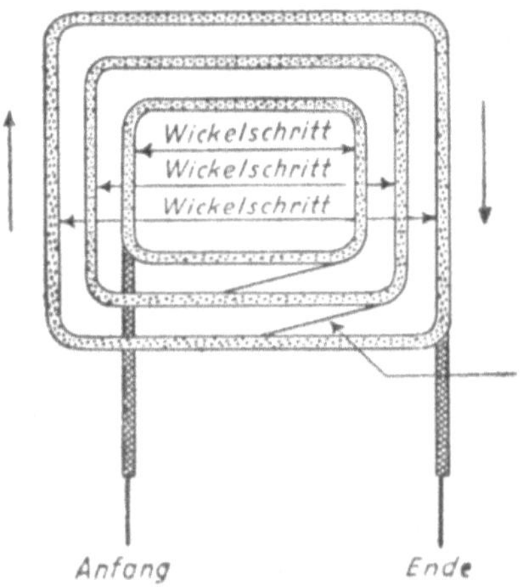


*Abb. 5*

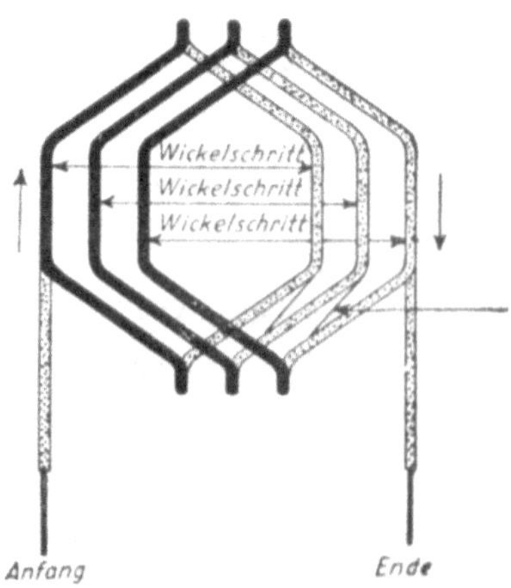


*Abb. 6*

hierzu ist der Wickelschritt der mit Spulen ungleicher Weite hergestellten Dreiphasenwicklungen verschieden. Man spricht hier von Mehrfachspulen ungleicher Weite.

Die Anzahl der zu einer Spulengruppe zusammengefaßten Einzelspulen richtet sich bei beiden Wicklungsarten nach der Nutenzahl. Bei 36 Nuten besteht die Wicklung aus 36 Einzelspulen, bei 24 Nuten aus 24 Einzelspulen.

Entsprechend der jeweils vorliegenden totalen Spulenzahl und der Polzahl werden eine bestimmte Anzahl der Einzelspulen schalttechnisch zu einer Spulengruppe zusammengefaßt.

Die Zahl dieser Spulengruppen entspricht der jeweils vorliegenden Polzahl der Wicklung. In der Abb. 5 sind 3 Einzelspulen zu einer Spulengruppe zusammengefaßt und der Schaltsinn dieser Spulen durch Pfeile gekennzeichnet. Man spricht hier von einer Dreiloch-Wicklung.

Teilt man die vorhandene Zahl der Einzelspulen durch 3, dann erhält man die Zahl der Einzelspulen je Wicklungsphase (Wicklungsstrang). Beispielsweise entfallen bei 36 Nuten (36 Einzelspulen) = 36 : 3 = 12 Einzelspulen auf jeden der 3 Wicklungsstränge (Phasen). Teilt man nun die Zahl der Einzelspulen je Phase (Strang) durch die Polzahl, dann erhält man die Zahl der Einzelspulen, die gemäß Abb. 5 u. 6 zu einer Spulengruppe zusammengefaßt werden. Unter Beibehalt des Beispieles 36 Nuten entfallen bei einer 4poligen Wicklung 12 : 4 = 3 Einzelspulen je Pol und Phase (Dreilochwicklung), die nach Abb. 5 u. 6 zu einer Spulengruppe geschaltet werden.

Es erhellt aus diesen Darlegungen, daß hinsichtlich des Schaltprinzipes zwischen den Zweischichtenwicklungen gleicher oder ungleicher Spulenweite kein Unterschied besteht. Man kann daher für beide Wicklungsarten ein und dasselbe Schaltbild verwenden. Die Wirkung beider Wicklungsarten im magnetischen Feld ist jedoch nicht gleich. Es bestehen bezüglich der Spulenkopfstreuung gewisse Unterschiede, die sich in der Praxis (z. B. bei polumschaltbaren Motoren) bemerkbar machen können. Für den Regelfall können diese Unterschiede unbeachtet bleiben, d. h. man kann eine normale Zweischichtenwicklung mit Spulen gleicher Weite ohne Bedenken in eine solche mit Spulen ungleicher Weite ändern. Hingegen ist es ratsam, bei polumschaltbaren Motoren und anderen Sonderausführungen die vom Hersteller gewählte Wicklungsart grundsätzlich beizubehalten.

Der Nuten-(Wickel)schritt entspricht bei Zweischichtenwicklungen genau oder annähernd (verkürzter Wickelschritt) der Polteilung. Bei einer 4poligen Zweischichtenwicklung mit 36 Nuten kann der Wickelschritt 36 : 4 = 9 (Nute 1—10), oder verkürzt beispielsweise 1—8 gewählt werden. Indessen kann der vom Hersteller gewählte Wickelschritt nicht ohne weiteres geändert werden. Wird der Wickelschritt aber aus irgendeinem Grunde geändert, dann muß auch die Leiterzahl je Nute entsprechend der vorgenommenen Verkürzung (oder Verlängerung) des vorgefundenen Schrittes korrigiert werden. Bei einer Verkürzung muß die Leiterzahl erhöht, bei einer Verlängerung (kommt praktisch kaum in Betracht) herabgesetzt werden.

In der Praxis entspricht also eine Verkürzung des Wickelschrittes (Sehnung) einer Herabsetzung der Leiterzahl, d. h. der Magnetisierungsstrom (Leerlaufstrom) der Ständerwicklung fällt höher aus und die Leistungscharakteristik des Motors ändert sich entsprechend.

Ist der Wickelschritt genau gleich der Polteilung, dann liegen in jeder Nute nur solche Spulenhälften, die zur gleichen Phase gehören. Bei verkürztem Wickelschritt liegen ungleichphasige Spulen zusammen in einer Nute. Im ersteren Falle ist die Spannungsdifferenz zwischen der oberen und unteren Wicklungslage nur ein Bruchteil der Netzspannung. Bei verkürztem Wickelschritt treten zwischen der oberen und unteren Wicklungslage Spannungsdifferenzen bis zur Höhe der Netzspannung (Betriebsspannung) auf.

Die Anordnung der einzelnen Spulen bzw. Spulengruppen innerhalb und außerhalb des aktiven Eisens (Nuten) muß so getroffen werden, daß die höchsterzielbare Betriebssicherheit erreicht wird. Zwischen der oberen und unteren Wicklungslage werden daher im Regelfalle schmiegsame Isolations-Zwischenlagen eingefügt.

## Die praktische Herstellung der Wicklungen

Die Spulen werden mit Hilfe geeigneter Wickelgeräte einbaufertig geformt. Hierauf werden die zu einer Spulengruppe gehörenden Einzelspulen (Ein-, Zwei-, Drei-, Vier-Lochwicklung usw.) zusammenhängend (siehe Abb. 5 u. 6) dem Wickelgerät entnommen und in das aktive Eisen nach dem Träufelverfahren eingebaut.

Die Dreiphasen-Zweischichtenwicklungen sind Formspulenwicklungen. Der sogenannte Nuten-Füllfaktor (das ist das Verhältnis des effektiven Nutenquerschnittes zum effektiven Leiterquerschnitt je Nute) ist bei diesen Wicklungen ungünstiger, als bei den von Hand geformten, im Einlegeverfahren oder Einfädelverfahren hergestellten Einschicht-Zweietagen-Wicklungen (Abb. 1). Die durch den Nutenschlitz eingeträufelten Wicklungen gelten für den Regelfall als sogenannte „Wildwicklungen“, d. h. die einzelnen Windungen innerhalb und außerhalb der Nuten liegen nicht sauber neben- und übereinander, wie das bei den von Hand, sorgfältig Windung nach Windung eingelegten Einschicht-Zweietagen-Wicklungen der Fall ist. Demnach sind die Spannungsdifferenzen zwischen den einzelnen Windungen und Lagen innerhalb und außerhalb der Nuten bei geträufelten Wicklungen höher als bei den letzteren.

Mit Rücksicht hierauf soll der sogenannte Anlagedruck innerhalb und außerhalb des aktiven Eisens bei geträufelten Wicklungen möglichst gering gehalten werden. Ein zu hoher Anlagedruck innerhalb der Nuten kann aus den dargelegten Gründen zu einem vorzeitigen Wicklungsschaden führen.

Die für eine möglichst hohe Betriebstüchtigkeit erforderliche *Kurzschlußfestigkeit* der Wicklungen, muß nach der eigentlichen Wickel- und Schaltarbeit durch Anwendung besonders geeigneter *backfähiger Tränk-Isolierlacke* erzielt werden. Die Geeignetheit des zur Anwendung kommenden Tränk-Isolierlackes, das

Vorhandensein einer zweckdienlichen Imprägnier- und Trockeneinrichtung und die Anwendung der richtigen Imprägniermethode stehen im engen Zusammenhang mit der erfolgreichen Anwendung der Zweischichten-Formspulenwicklungen überhaupt. In dieser Hinsicht hat es langwieriger und zeitraubender Versuche bedurft, um den derzeitigen Stand der Technik auf diesem Gebiete zu erreichen.

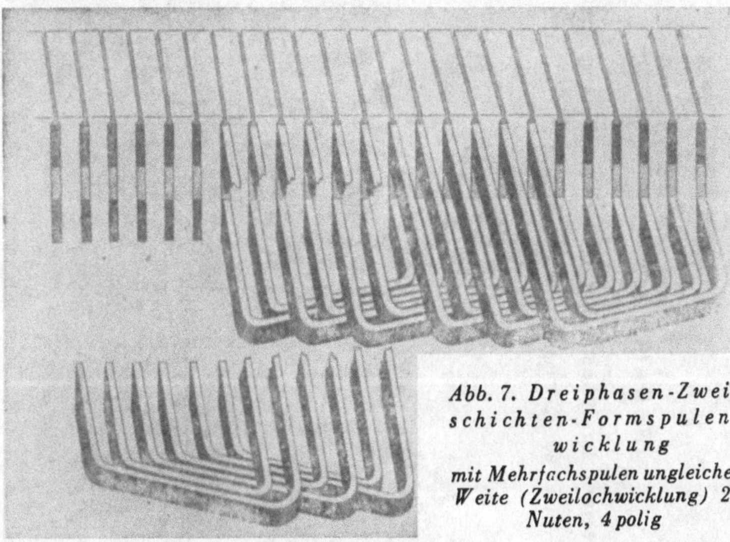

*Abb. 7. Dreiphasen-Zweischichten-Formspulenwicklung mit Mehrfachspulen ungleicher Weite (Zweilochwicklung) 24 Nuten, 4 polig*

Je günstiger die Platzverhältnisse innerhalb und außerhalb der Nuten, je besser sind die Aussichten auf eine möglichst hohe Betriebssicherheit und Lebensdauer der geträufelten Wicklungen. Das bezieht sich ganz besonders auf die Verwendung von Lackdrähten, die aus vielen Gründen mit Recht im Vordergrunde des Interesses stehen. Sind alle erforderlichen Voraussetzungen gegeben, dann lassen sich Zweischichten-Lackdrahtwicklungen bis zu etwa 30 kW Leistung ohne erhöhtes Risiko herstellen.

## Die Schaltung der Zweischichten-Wicklungen

Die Herstellung der Schaltungen an den Zweischichten-Wicklungen erfordert zweifellos mehr Aufmerksamkeit und Fachwissen, als bei den Einschicht-Zweietagen-Handwicklungen oder anderen Einschichtwicklungen. Der Verfasser hat jedoch eine Methode gefunden, die jeg-

**Schaltplan**

für die Wicklungsphase X—U einer Dreiphasen-Zweischichten-Formspulenwicklung mit Spulen gleicher Weite, Dreilochwicklung, 4polig, 36 Nuten

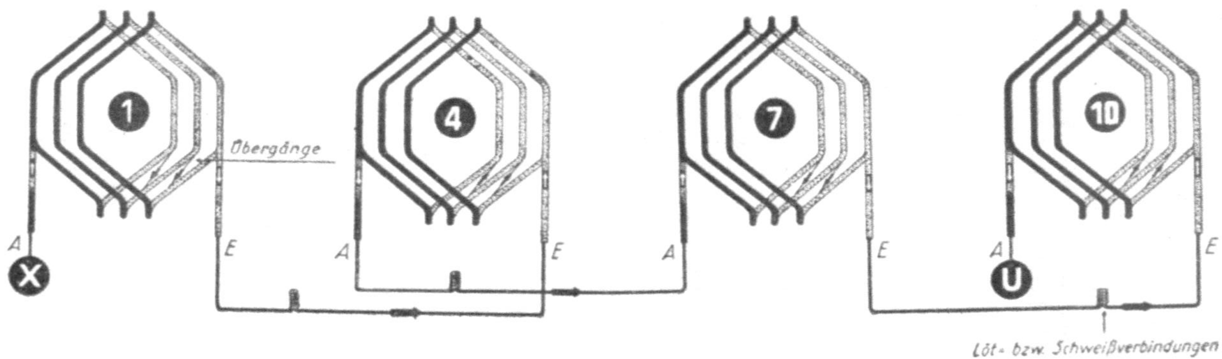


Abb. 8

liche Schwierigkeit aus dem Wege räumt und deren Anwendung sogar kurzfristig angelernten Hilfs-Fachkräften eine ausreichende Schaltsicherheit vermittelt. Unbeschadet dessen, ob es sich um Zweischichtenwicklungen mit Ein- oder Mehrfachspulen gleicher oder ungleicher Weite handelt, gilt das in Abb. 8 dargestellte Schaltprinzip.

In Abb. 8 ist einer der 3 Wicklungsstränge (Phasen) einer 4poligen Dreiphasen-Zweischichtenwicklung mit Mehrfachspulen gleicher Weite dargestellt. Die totale Spulenzahl eines Stranges (Phase) ist = 12 (total 36 Nuten = 36 Einzelspulen). Je 3 Einzelspulen sind zu einer Mehrfachspule (Spulengruppe) zusammengefaßt. Die 4 Mehrfachspulen je Phase sind nach dem Schaltprinzip:

Ende mit Ende
Anfang mit Anfang

in Serie geschaltet und mit den Zahlen: 1, 4, 7, 10 beziffert.

Man findet die zu einer Wicklungsphase gehörenden Mehrfachspulen bei allen vorkommenden Polzahlen, wenn man mit der Zahl 1 beginnt und jeweils nach rechts 3 hinzuzählt.

B e i s p i e l : 4polige Dreiphasen-Zweischichtenwicklung, 36 Nuten, 36 Einzelspulen.

a) Zahl der Einzelspulen je Phase = 36 : 3 = 12;
b) Zahl der Einzelspulen einer Spulengruppe = 12 : 4 = 3;
c) Bezifferung der Spulengruppen Phase I:
(1) + 3 = (4) + 3 = (7) + 3 = (10);
d) desgl. für Phase II:
(5) + 3 = (8) + 3 = (11) + 3 = 14 — 12 = (2);
e) desgl. für Phase III:
(9) + 3 = (12) + 3 = 15 — 12 = (3) + 3 = (6).

Die Zahl für die Anfangsgruppe der Phase II ergibt sich, wenn man zu der Anfangsgruppe 1 die Zahl 4 hinzuzählt. Desgleichen verfährt man bei Phase III, indem man zur Spulengruppe 5 + 4 hinzuzählt.

Die zusammengefaßten Schaltangaben lauten:

**V e r e i n f a c h t e r S c h a l t p l a n f ü r e i n e 4 p o l i g e D r e i p h a s e n - Z w e i s c h i c h t e n w i c k l u n g , 36 N u t e n , 36 E i n z e l s p u l e n**

Phase I: (X)-Spule 1 — 4 — 7 — 10 — (U),
Phase II: (Y)-Spule 5 — 8 — 11 — 2 — (V),
Phase III: (Z)-Spule 9 — 12 — 3 — 6 — (W).

An den Klemmen X, Y, Z und U, V, W des Klemmbrettes liegen nur die A n f ä n g e der Spulen (siehe Abb. 8). Die Verbindungen zwischen den Spulengruppen einer Phase sind nach dem Schaltprinzip: Ende mit Ende, Anfang mit Anfang herzustellen, z. B. Ende Spule 1 mit Ende Spule 4, Anfang Spule 4 mit Anfang Spule 7, Ende Spule 7 mit Ende Spule 10, Anfang Spule 10 zum Klemmbrett (U).

Die Schaltarbeit kann noch wesentlich dadurch vereinfacht werden, indem Anfang und Ende der Spulengruppen durch Anhängen kleiner Pappschildchen, z. B. mit A 1, E 1, A 2, E 2 usw. bezeichnet werden. Nach dieser vorbereitenden Maßnahme beschränkt sich die Schaltarbeit auf die Herstellung der Schaltverbindungen nach Maßgabe des Schaltplanes:

Ende Spule 1 mit Ende Spule 4,
Anfang Spule 4 mit Anfang Spule 7,
Ende Spule 7 mit Ende Spule 10 usw.

Die Merkschildchen werden zweckmäßig in verschließbare Kästchen aufbewahrt und jedem Wickler ein solches Kästchen zusammen mit dem Schaltplan ausgehändigt.

Bei Anwendung der Mehrfachspulen ungleicher Weite erübrigt sich das Anhängen der Merkschildchen, da man nach Fertigstellung der Wicklung die einzelnen Spulengruppen der Reihe nach verfolgen kann. Im übrigen hat die Erfahrung gezeigt, daß begabte Wickler nach einer bestimmten Anlaufzeit die normalen 2—8poligen Schaltungen ohne jegliche Schaltunterlage in wenigen Minuten herstellen können, wenn die Anleitung nach der dargelegten Methode erfolgte. Bei polumschaltbaren Wicklungen sollte indessen grundsätzlich nach dem zugehörigen Schaltplan gearbeitet werden.

## Vereinfachte Schaltpläne für Dreiphasen-Zweischichtenwicklungen

### 2polige Dreiphasen-Zweischichtenwicklung total 6 Spulengruppen, je Phase 2 Spulengruppen in Serie

Phase I. Anfang Spule 1 an Klemme X,
Ende Spule 1 mit Ende Spule 4,
Anfang Spule 4 an Klemme U.

Phase II. Anfang Spule 3 an Klemme Y,
Ende Spule 3 mit Ende Spule 6,
Anfang Spule 6 an Klemme V.

Phase III. Anfang Spule 5 an Klemme Z,
Ende Spule 5 mit Ende Spule 2,
Anfang Spule 2 an Klemme W.

Die Schaltbilder nehmen der leichteren Übersicht halber keine Rücksicht auf Spulen gleicher oder ungleicher Weite. Die Darstellungen beziehen sich der Einfachheit halber auf Einloch-Wicklungen. Bei 2, 3, 4 und Mehrloch-Wicklungen bleibt das Schaltprinzip unverändert bestehen. Die Zahl der zu einer Spulengruppe gehörenden Einzelspulen ergibt sich zwangsläufig aus der jeweils vorhandenen Nuten- und Polzahl. Die nachstehenden Tabellen können als Hilfsmittel dienen:

**Polzahl 2** — *Tabelle Nr. 1*

| Nuten-zahl | Totale Anzahl der Einzel-spulen | Zahl der Spulen-gruppen | Zahl der Einzelspulen je Spulen-gruppe | Zahl der Lötverbin-dungen | Es entsteht eine ? Loch-Wick-lung ? |
|---|---|---|---|---|---|
| 12 | 12 | 6 | 2 | 3 | Einloch |
| 18 | 18 | 6 | 3 | 3 | $1^1/_2$-loch |
| 24 | 24 | 6 | 4 | 3 | Zweiloch |
| 36 | 36 | 6 | 6 | 3 | Dreiloch |
| 48 | 48 | 6 | 8 | 3 | Vierloch |

**Polzahl 4** — *Tabelle Nr. 2*

| Nuten-zahl | Totale Anzahl der Einzel-spulen | Zahl der Spulen-gruppen | Zahl der Einzelspulen je Spulen-gruppe | Zahl der Lötverbin-dungen | Es entsteht eine ? Loch-Wick-lung ? |
|---|---|---|---|---|---|
| 24 | 24 | 12 | 2 | 9 | Zweiloch |
| 36 | 36 | 12 | 3 | 9 | Dreiloch |
| 48 | 48 | 12 | 4 | 9 | Vierloch |
| 60 | 60 | 12 | 5 | 9 | Fünfloch |

**Polzahl 6** — *Tabelle Nr. 3*

| Nuten-zahl | Totale Anzahl der Einzel-spulen | Zahl der Spulen-gruppen | Zahl der Einzelspulen je Spulen-gruppe | Zahl der Lötverbin-dungen | Es entsteht eine ? Loch-Wick-lung ? |
|---|---|---|---|---|---|
| 36 | 36 | 18 | 2 | 15 | Zweiloch |
| 54 | 54 | 18 | 3 | 15 | Dreiloch |
| 72 | 72 | 18 | 4 | 15 | Vierloch |

**Polzahl 8** — *Tabelle Nr. 4*

| Nuten-zahl | Totale Anzahl der Einzel-spulen | Zahl der Spulen-gruppen | Zahl der Einzelspulen je Spulen-gruppe | Zahl der Lötverbin-dungen | Es entsteht eine ? Loch-Wick-lung ? |
|---|---|---|---|---|---|
| 48 | 48 | 24 | 2 | 21 | Zweiloch |
| 72 | 72 | 24 | 3 | 21 | Dreiloch |
| 96 | 96 | 24 | 4 | 21 | Vierloch |

## Schaltmöglichkeiten

für Dreiphasen- Zweischichten-Formspulenwicklungen mit Spulen gleicher oder ungleicher Weite, für alle Wickelschritte und Nutenzahlen

(normale Motoren für Dauerleistung), Netzspannung: 380/220 Volt, 50 Hertz

| 1 | 2 | 3 | 4 | 5 | 6 | 7 | 8 | 9 | 10 | 11 | 12 | 13 | 14 |
|---|---|---|---|---|---|---|---|---|---|---|---|---|---|
| Motor-Dauerleistung | | Drahtdurchmesser bei einer Stromdichte von Amp./qm Kupfer | | | | Totale Anzahl der Mehrfachspulen bei Polzahl: | | | | Schaltmöglichkeiten der Mehrfachspulen je Phase: Polzahl: | | | |
| PS | kW | 3 | 4 | 5 | 6 | 2 | 4 | 6 | 8 | 2 | 4 | 6 | 8 |
| 1 | 0,75 | | | | | | | | | — — | ----- | ------ | -------- |
| 2 | 1,47 | | | | | | | | | 2 Sp.//<br>oder<br>2 Dr.// | 2 Sp.//<br>oder<br>2 Dr.// | 2 Sp.//<br>oder<br>2 Dr.// | 2 Sp.//<br>oder<br>2 Dr.// |
| 3 | 2,2 | | | | | | | | | 3 Dr.// | 3 Dr.// | 3 Sp.//<br>oder<br>3 Dr.// | 3 Dr.// |
| 4 | 2,94 | | | | | 6 | 12 | 18 | 24 | 2 Dr.//<br>und<br>2 Sp.// | 2 Dr.//<br>und<br>2 Sp.// | 2 Dr.//<br>und<br>2 Sp.// | 2 Dr.//<br>und<br>2 Sp.// |
| 6 | 4,4 | | | | | | | | | 3 Dr.//<br>und<br>2 Sp.// | 3 Dr.//<br>und<br>2 Sp.// | 1 Dr.<br>6 Sp.// | 3 Dr.//<br>und<br>2 Sp.// |
| 8 | 5,9 | 0,9 mm Ø | 0,75 mm Ø | 0,7 mm Ø | 0,6 mm Ø | | | | | ÷ | 2 Dr.//<br>und<br>4 Sp.// | ÷ | 8 Sp.// |
| 9 | 6,6 | | | | | | | | | ÷ | ÷ | 3 Dr.//<br>und<br>3 Sp.// | ÷ |
| 12 | 8,8 | | | | | | | | | ÷ | 3 Dr.<br>und<br>4 Sp // | 2 Dr.//<br>und<br>6 Sp.// | 3 Dr.//<br>4 Sp.// |
| 16 | 11,8 | | | | | | | | | ÷ | ÷ | ÷ | 2 Dr.//<br>und<br>8 Sp.// |
| 18 | 13,25 | | | | | | | | | ÷ | ÷ | 3 Dr.//<br>und<br>6 Sp.// | ÷ |
| 24 | 17.66 | | | | | | | | | ÷ | ÷ | ÷ | 3 Dr.//<br>und<br>8 Sp.// |

Anmerkungen:

1. In den Spalten 11—14 bedeuten die Abkürzungen:

— — = Reihen (Serien) -Schaltung<br>
Dr. // = Drähte parallel<br>
Sp. // = Spulen je Phase parallel

2. Es ist zu beachten, daß sich die Schaltangaben in den Spalten 11—14 auch auf beide Möglichkeiten beziehen können, z. B.

6 PS 2 polig: Hier muß die Wicklung, d. h. jede Einzelspule mit 3 Drähten parallel hergestellt und außerdem müssen noch je Phase 2 Mehrfachspulen parallel geschaltet werden.

Die Bezeichnungen „u." bzw. „oder" dürfen nicht übersehen werden.

3. Die Drahtdurchmesser 0,9/, 0,8/, 0,75/, 0,7/, 0,65/ und 0,6 mm ⌀ sind für die Neuwicklung normaler Drehstrommotoren 380/220 Volt in den Leistungen von etwa 0,74—10 kW sehr wichtig. Mit Rücksicht auf den Nutenfüllfaktor sind Lackdrähte bei mehrfachen Parallelschaltungen immer zu bevorzugen.

4. Man kann daher praktisch mit einem einzigen Drahtdurchmesser bei gegebenen Voraussetzungen durch Parallelschaltungen folgende Leistungsbereiche erfassen:

2 polig: 1, 2, 3, 4, 6 PS<br>
4 polig: 1, 2, 3, 4, 6, 8, 12 PS<br>
6 polig: 1, 2, 3, 4, 6, 9, 12, 18 PS<br>
8 polig: 1, 2, 3, 4, 6, 8, 16, 24 PS.

5. Die in Spalten 3—6 angegebenen Drahtdurchmesser beziehen sich auf Motoren in normaler, offener Ausführung für Dauerbetrieb.

Der Drahtdurchmesser richtet sich im wesentlichen nach dem Baujahr und nach der Läuferdrehzahl. Alte Motorentypen weisen bei gleicher Leistungsabgabe einen stärkeren Drahtdurchmesser (Stromdichte/qmm = etwa 3 Amp. Spalte 3) auf, bei älteren Typen findet man einen geringeren Drahtdurchmesser (Stromdichte 4—5 Amp/qmm Spalte 4—5) und bei den neuesten Typen einen Drahtdurchmesser vor, der einer Stromdichte von etwa 6 Amp/qmm (Spalte 6) entspricht. Die letzteren Ausführungen weisen in der Regel Lackdraht auf.

8 polige Dreiphasen-Zweischichtenwicklung mit Spulen gleicher oder ungleicher Weite, für alle Nutenzahlen und Wickelschritte verwendbar. Serienschaltung

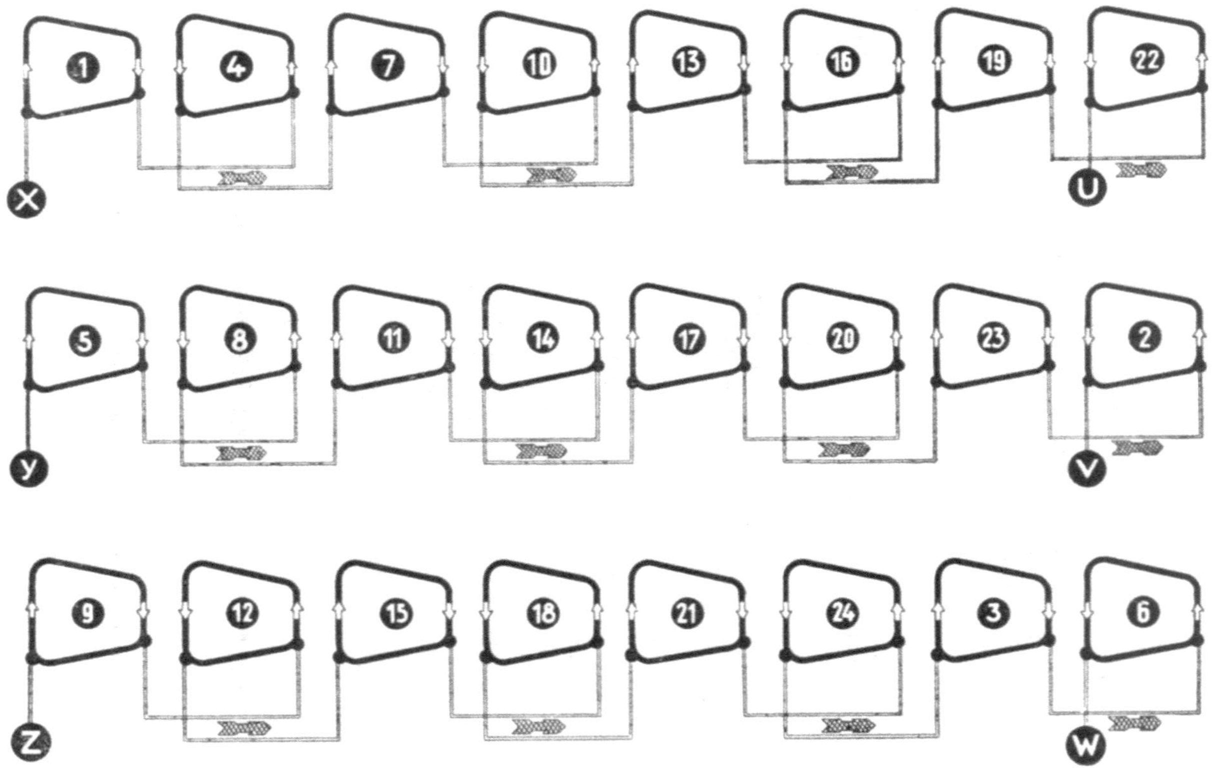

8polig!

## Zahlenschema

für die Herstellung der Schaltverbindungen an einer 8poligen Dreiphasen-Zweischichtenwicklung mit Spulen gleicher oder ungleicher Weite.

Total 21 Löt- bzw. Schweißstellen.

Anfang 1 zum Klemmbrett: Buchstabe (X)
E 1 — E 4
E 2 — E 23

Anfang 2 zum Klemmbrett: Buchstabe (V)
E 3 — E 6
A 4 — A 7

Anfang 5 zum Klemmbrett: Buchstabe (Y)
E 5 — E 8

Anfang 6 zum Klemmbrett: Buchstabe (W)
E 7 — E 10
A 8 — A 11

Anfang 9 zum Klemmbrett: Buchstabe (Z)
E 9 — E 12
A 10 — A 13
E 11 — E 14
A 12 — A 15
E 13 — E 16
A 14 — A 17
E 15 — E 18
A 16 — A 19
E 17 — E 20
A 18 — A 21
E 19 — E 22
A 20 — A 23
E 21 — E 24

A 22 zum Klemmbrett: Buchstabe (U)
A 24 — A 3

Das Zahlenschema gilt für alle Nutenzahlen, die mit einer 8poligen Zweischichtenwicklung belegt sind.

Anlage zum Schaltbild 8polig.

# Fortschritte im Elektromaschinenbau

## Wasserfeste Tränklacke für Wicklungen an elektrischen Maschinen

Nach einer DENA-Notiz wurden in USA flüssige Imprägniermittel für die Elektrotechnik ausgearbeitet, die im getrockneten Zustande eine bisher nicht erreichbare Wasserfestigkeit aufweisen sollen. Ein mit diesem neuen Imprägniermittel hergestellter Elektromotor, der 2 Jahre unter einem Wasserspiegel gehalten wurde, erwies sich — ohne jegliche Nachbehandlung (Trocknung) als vollkommen betriebstüchtig. Das Imprägniermittel wurde in den letzten Kriegsjahren in USA entwickelt und soll z. Zt. in unbeschränkter Menge auf dem freien Markt zu haben sein.

## Lösungsmittelfreie (schwundfreie) Tränklacke und Isolierlacke

Wie aus USA verlautet, werden dort neuartige Elektro-Imprägnierlacke — ohne Lösungs- und Verdünnungsmittel — hergestellt. Es ist anzunehmen, daß dieser bedeutsame Fortschritt mit hochpolymeren, synthetisch hergestellten Kunststoffen erzielt wird.

Die bisher üblichen Elektro-Isolierlacke bestehen in der Regel aus etwa 40 bis 50 % Feststoffen (Kunstharze, Asphalte, Naturharze usw.) und einem erheblichen Anteil flüchtiger Stoffe (Lösungs- und Verdünnungsmittel). Durch das Entweichen der flüchtigen Stoffe während des Trockenvorganges tritt ein erheblicher Volumenschwund ein, der sich in der Imprägnierpraxis durch die Bildung kleiner Luftpolster innerhalb der Wicklungen auswirkt. Die Lebensdauer der Wicklungen und die Abgabe der Wicklungs-Stromwärme an die Kühlluft wird durch die Bildung der Lufträume innerhalb der Wicklungen im erheblichen Maße beeinträchtigt. Bei den lösungsmittelfreien Isolierlacken sind diese Nachteile nicht vorhanden. Sie können ohne Volumenschwund aus dem flüssigen in den festen Zustand überführt werden und stellen somit einen beachtlichen Fortschritt in der Imprägniertechnik des Elektromaschinenbaues dar. (In Heft 3/1939 der Fachzeitschrift EMA wurde auf Seite 40 bereits auf die Möglichkeiten für die Schaffung „besserer" Elektro-Isolierlacke in Verbindung mit hochpolymeren Kunstharzen hingewiesen.)

Wenn überhaupt von einem weiteren Fortschritt im Elektromaschinenbau gesprochen wird, dann steht an erster Stelle die beschleunigte Abführung der Stromwärme aus den Wicklungen. Allein aus diesem Problem ergeben sich für den Werkstofforscher eine große Zahl Einzelaufgaben, von denen nur folgende genannt sein sollen:

a) Die wirtschaftlichere Herstellung universell verwendbarer Lackdrähte.

b) Die Herstellung schwundfreier Elektro-Isolierlacke (ohne Lösungs- und Verdünnungsmittel).

c) Die Herstellung schwundfreier Elektro-Isolierlacke mit besonders guten Wärmeleitvermögen.

d) Die Herstellung hitzebeständiger Elektro-Isolierlacke mit einer Dauerwärmebeständigkeit von 120 bis möglichst etwa 180 Grad C.

e) Die Herstellung möglichst dünnwandiger, dielektrisch hochwertiger, gegen Wasser- und chemische Einflüsse unempfindlicher, hitzebeständiger Kunststoffolien. (Dauer - Wärmebeständigkeit möglichst bis 200 Grad C.)

Von den in Absatz a bis e genannten Werkstoffen ist der Elektromaschinenbau in Europa noch mehr oder weniger weit entfernt. Indessen regen sich bereits berufene Fachleute, um alte und neue Ideen auf diesem Gebiete der Verwirklichung näher zu bringen.

Es ist beispielsweise seit geraumer Zeit bekannt, eine Verbindung hochpolymerer Stoffe durch einen chemischen Vorgang (Polymerisation) aus dem flüssigen in den festen Zustand überzuführen. Die Auswertung dieses an sich bekannten Vorganges in der Imprägnierpraxis des Elektromaschinenbauers ist jedoch nicht so einfach, wie es den Anschein haben könnte. Hier spielt beispielsweise die Zeit, in welcher die Überführung des Imprägnierlackes aus dem flüssigen in den festen Zustand erfolgt, eine entscheidende Rolle (Vergleich zur Trockenzeit der bisherigen Isolierlacke). Weiter ist die Wärmebeständigkeit der durch Polymerisation „getrockneten", lösungsmittelfreien Tränklacke von größter Wichtigkeit. Leichter sind schon die Anforderungen hinsichtlich der chemischen Beständigkeit und der dielektrischen Gütewerte mit hochpolymeren Kunststoffen zu erfüllen.

Die rein chemische Trocknung lösungsmittelfreier Elektro-Isolierlacke kann durch Wahl entsprechender Katalysatoren verzögert und beschleunigt werden. Diese, bisher im Elektromaschinenbau noch nicht für die Trocknung imprägnierter Werkstücke angewandte Methode wird wahrscheinlich mit einer Abkehr von den bisher üblichen Trockeneinrichtungen und Trockenmethoden verbunden sein.

(Raskop)

# Technische Beratungs- und Auskunftsstelle der „EMA“

**Anfrage:** Verkürzter Wickelschritt bei Dreiphasenwicklungen

Wir haben Drehstrom-Motoren für n = 1500 zu wickeln, bei welchen die Stator-Nutenzahl 48 beträgt. Wir haben diese Motoren zunächst mit normaler Schablonen-Wicklung versehen, wobei diese einwandfrei arbeiteten. Wir haben dann die Motoren mit Kranz-Wicklung ausführen lassen. Der Wicklungs-Schritt, der normalerweise ja 1 : 13 sein müßte, wurde dabei aber mit 1 : 10 ausgeführt. Der Grund lag daran, daß die Firma Siemens-Schuckert-Werke bei der gleichen Nutenzahl auch den Schritt auf 1 : 10 verkürzt. Wir glaubten das Gleiche tun zu können, was die Firma Siemens tut. Auch andere Firmen gehen denselben Weg. Es zeigt sich dabei aber, daß der Leerlauf-Strom wesentlich in die Höhe ging, gegenüber den Motoren mit Schablonen-Wicklung. Die Leistung, bzw. der Kurzschluß-Strom, stieg dabei aber auch wesentlich. Leider zeigte sich aber schon nach etwa 1 Stunde Leerlauf eine stärkere Erwärmung des Motores. Weshalb Siemens die Wicklung so ausführen läßt, ist uns nicht verständlich.

Wir bitten um Ihre Nachricht, ob Ihnen diese Verhältnisse bekannt sind, bzw. auf welchem Umstand Sie das Verhalten der Kranz-Wicklung mit verkürztem Schritt zurückführen.

**Antwort:** Über die Auswirkungen verkürzter Wickelschritte bei Dreiphasenwicklungen wurde bereits ausführlich in früheren Ausgaben der „EMA“ berichtet.

Wenn ein vorgefundener Wickelschritt verkürzt wird, dann wird ein Teil der ursprünglichen aktiven Leiter in den Nuten ausgeschaltet. Es treten daher Erscheinungen ein, die fast die gleichen sind, wenn man die Leiterzahl in den Nuten herabsetzt. Der Leerlauf- (Magnetisierungsstrom) strom wird höher, die Leistungscharakteristik des Motors ändert sich.

Soll nun aus irgendeinem Grunde ein verkürzter Wickelschritt gewählt werden, dann ist gleichzeitig die Leiterzahl im Ständer in dem Maße zu erhöhen, um die der Wickelschritt gegenüber der genauen Polteilung verkürzt wird. Ist die Verkürzung gering (etwa 1 bis 2 Nuten), dann genügt eine Erhöhung der Leiterzahl von etwa 5 bis 6 % der ursprünglichen Leiterzahl. Bei größeren Abweichungen kommen Zuschläge von etwa 8 bis 12 % in Betracht.

Die von Ihnen erwähnten SSW-Wicklungen sind sogenannte Zweischichtenwicklungen mit Spulen ungleicher Weite und verkürztem

Wickelschritt. Die Wickeldaten sind eigens für diese Wicklungsart berechnet. Nähere Einzelheiten hierüber finden Sie in dieser Ausgabe der EMA. Es ist die Wicklungsart, die mit dem geringsten Aufwand an Leitermaterial, mit dem geringsten Wickelraum, mit der geringsten Arbeitszeit und mit den geringsten Handfertigkeiten hergestellt werden kann.

**Zusammenfassung:**

Die Verkürzung der Wickelschritte (Sehnung) bei Wechsel- und Drehstrommotoren mit Käfigläufer kann seitens des Erbauers aus verschiedenen Gründen gewählt werden.

In erster Linie geschieht die Sehnung, um eine möglichst reine Sinusform der Wechselstrom-Spannungskurve und damit Vorteile hinsichtlich des betrieblichen Verhaltens der Motoren zu erreichen (Sattelfreie Anlaufkurve, geräuschloser Lauf usw.).

Es ist wichtig zu wissen, daß diese Vorteile nur durch eine Erhöhung der aktiven Leiter (mehr Kupferaufwand) im Ständer erkauft werden kann.

Beispiel: 2poliger Drehstrom-Käfigläufermotor, 50 Hertz, Ständer: 36 Nuten.

Der Wickelschritt kann bei diesem Motor:

1—13, 1—14, 1—15, 1—16, 1—17, 1—18

gewählt werden.

Der sogenannte Sehnungsfaktor und die Erhöhung der Leiterzahl ergibt sich dann aus:

| | | | | | |
|---|---|---|---|---|---|
| bei | 1—18 = 0,996 = | 0,4 % | mehr | Leiter |
| „ | 1—17 = 0,985 = | 1,5 % | „ | „ |
| „ | 1—16 = 0,966 = | 3,4 % | „ | „ |
| „ | 1—15 = 0,940 = | 6,0 % | „ | „ |
| „ | 1—14 = 0,906 = | 9,4 % | „ | „ |
| „ | 1—13 = 0,866 = | 13,4 % | „ | „ |

Eine willkürliche Änderung des vom Hersteller gewählten Wickelschrittes kann sich etwa wie folgt auswirken:

a) auf den Anlauf der Käfigläufer (Anlaufkurve),
b) Erhöhung der Anlauf- und Betriebsgeräusche,
c) Magnetisierungs-, Anlauf- und Kurzschlußstrom verändert sich,
d) das Anlaufdrehmoment verändert sich,
e) die gesamte Leistungscharakteristik ändert sich.

Die Zweischichten-Wicklungen bieten Vorteile in bezug auf die Unterdrückung schädlicher Oberwellen, besonders derjenigen der

5fachen Frequenz. Man soll daher eine vom Hersteller ausgelegte Zweischichtenwicklung mit verkürztem Wickelschritt nicht in eine Einschichtwicklung oder eine solche mit ungesehnten Schritt ändern. Geschieht dies aber, dann können folgende Erscheinungen auftreten:

a) der Leerlauf-(Magnetisierungs-)strom, der Anlaufstrom und der Kurzschlußstrom fallen geringer aus als vorher.

b) Dadurch ändert sich die gesamte Leistungscharakteristik des Motors (Leistung, Wirkungsgrad, Leistungsfaktor, Erwärmung, Kippmoment, Anlaufdrehmoment usw.).

c) Es kann hinsichtlich des einwandfreien Anlaufes der Käfigläufer (Anlaufkurve), besonders bei polumschaltbaren Motoren mit Schwierigkeiten gerechnet werden.

d) Beim Anlauf und während des Betriebes können starke und unangenehme Geräusche in Erscheinung treten, die vorher nicht vorhanden waren.

Aus diesen Darlegungen ist zweifelsfrei ersichtlich, daß eine willkürliche Änderung einer vom Hersteller gewählten Wicklungsart, besonders aber des Wickelschrittes nicht empfehlenswert ist, wenn es sich um die Änderung einer Zweischichtenwicklung in eine Einschichtenwicklung handelt und daß die Verkürzung eines vom Hersteller gewählten Wickelschrittes grundsätzlich bei jeder Wicklungsart mit einer Erhöhung der Ständer-Leiterzahl einhergehen muß, wenn die ursprüngliche Leistungscharakteristik beibehalten werden soll. Ra.

# Aus der Praxis für die Praxis

Zu der Anregung in Heft 1/43 (Anfragen aus dem Leserkreis) betr. Lagerinstandsetzung bei elektrischen Maschinen möchte ich folgende Ausführungen machen:

Das angegebene Verfahren wird allgemein angewandt zur Wiederauftragung abgenutzter Kugellagersitze auf Ankerwellen. Man kann sich zu diesem Zweck auch vorteilhaft der Hartverchromung bedienen, sofern ein leistungsfähiges Unternehmen, welches diese Arbeiten ausführt, am Platze ansässig ist.

Zur Wiederinstandsetzung von Gleitlagern scheint mir dieses Verfahren allerdings nicht das Allheilmittel zu sein. Da Gleitlagersitze erheblich länger als Kugellagersitze sind, ist die Gefahr, auf welche auch der Einsender hinweist, nämlich das Verziehen der Welle, immer vorhanden.

An der Lagerstelle erfolgt durch das Überdrehen die Korrektur ohne weiteres, dagegen lassen sich Unstimmigkeiten an der Welle, z. B. innerhalb des aktiven Eisens kaum wieder beheben. Wenn der Einsender diese Schwierigkeiten überwunden hat, so ist damit noch nicht gesagt, daß sie bei anderen Berufskameraden nicht eintreten würden.

Eine Arbeitsmethode, die dem angestrebten, gleichen Zweck dient, und auch für Werkstätten, die nicht über ein Elektroschweißgerät verfügen, anwendbar ist, sei nachstehend erwähnt.

Im Automobilbau hatte ich Gelegenheit, Kurbelwellengrundlager, die ja zu den höchst beanspruchtesten Lagern überhaupt gehören, in großer Zahl auszugießen. Obwohl diese Lagerschalen aus Bronze bestehen, werden sie doch mit einer dünnen Schicht Lagerweißmetall ausgegossen, wobei auf innigste Verbindung zwischen Weißmetall und Bronze größter Wert gelegt wird. Dieses Verfahren hilft uns bei der Instandsetzung von Elektromotorengleitlagern wesentlich, Material zu sparen.

Die alte Lagerschale wird verwendet, um etwa 3 mm ausgebohrt und mit einigen Halterillen versehen, sowie 1 bis 2 Längsnuten eingezogen. Nach dem Entfetten mit einem der handelsüblichen Mittel erhält die Außenwandung einen Schlemmkreideanstrich, die Innenwandung wird im Bad verzinnt. Der zum Ausgießen verwendete Dorn soll möglichst nur 2 bis 3 mm kleiner sein als die Welle, um Material zu sparen. Außerdem ist die Weißmetallschicht in der Nähe der Oberfläche am wertvollsten und dichtesten. Lager und Dorn wird angewärmt und kurz vor dem Erweichen der Zinnschicht ausgegossen, wodurch eine innige Verbindung erzielt wird. Das Lager, mit einem kleinen Hammer angeschlagen, muß hell klingen.

Die gängigsten Dorne sind nach kurzer Zeit vorhanden, bei einiger Übung ist die Arbeit sehr sicher auszuführen. Es lohnt sich, stets einige Lager zugleich fertigzustellen. Rudolf Petzold, Leipzig.

## Anfragen aus dem Leserkreis

### Ein Drehstrommotor 500 Volt soll an einem 380-Volt-Netz bei geringerer Leistungsabgabe arbeiten.

**Anfrage:** Einer meiner Kunden verwendet zum Antrieb eines Kolben-Kompressors einen Drehstrommotor 50 PS 380 V, 950 n. Dieser Motor soll einer gründlichen Instandsetzung unterzogen werden. Mein Kunde kann jedoch auf die Arbeit des Kompressors nicht verzichten und stellt zur Bedingung, daß ich während der Instandsetzung des 50-PS-

Drehstrommotors einen Ersatzmotor stelle, mit dessen Hilfe der normale Betrieb zuverlässig aufrechterhalten werden kann.

Ich habe nun einen 75-PS-Drehstrommotor 500 Volt 950/n am Lager und ich hege die Absicht, diesen Motor als Ersatzmotor zu verwenden. Wird dieser Motor die Arbeit des 50-PS-Drehstrommotors mit Sicherheit übernehmen können? Ich schätze die Leistungsabgabe des 75-PS-Motors entsprechend der geringeren Spannung auf 57 PS.

**Antwort:** Der in Betracht stehende 75-PS-Drehstrommotor 500 Volt kann im unveränderten Zustande im Anschluß an ein Netz von 380 Volt nur eine Leistung von etwa 0,577 · 75 PS = 43,27 PS abgeben, weil die Leistung sich im Verhältnis der Quadrate der Spannungen

$$\frac{380 \cdot 380}{500 \cdot 500} = 0{,}577$$

verändert.

Ihre Annahme, daß die Leistungen sich etwa proportional der Spannungen 380/500 Volt verhalten, trifft nicht zu. Dieselbe ist wesentlich geringer, wie aus den vorstehenden Darlegungen zu ersehen ist.

In der Annahme, daß der 50-PS-Drehstrommotor 380 Volt als Antriebsorgan des Kolbenkompressors entsprechend seiner Schildleistung voll ausgenutzt ist, kommt der 75-PS-Drehstrommotor 500 Volt nicht als Ersatzmotor in Frage. Überdies handelt es sich hier um einen besonders schwierigen Antrieb, der ein hohes Anlaufdrehmoment des Motors voraussetzt. Aus diesem Grunde sind die Voraussetzungen für den vorübergehenden Austausch der Motoren selbst dann nicht mit Sicherheit gegeben, wenn die tatsächliche Leistungsabgabe des 50-PS-Drehstrommotors betriebsmäßig weniger als die Schildleistung z. B. nur 45 PS betragen würde.

Sofern die Möglichkeit besteht, dem 75-PS-Motor etwa über einen Additions-Spartrafo eine Spannung von etwa 500 Volt zuzuführen, ist ein vorübergehender Austausch der beiden Motoren ohne Bedenken durchführbar.

Da Kolbenkompressoren vielfach nur vorübergehend (aussetzender Betrieb) in Betrieb sind, so kann bei gegebenen Voraussetzungen der Ständer des 500-Volt-Motors in Dreieck geschaltet und an 380 Volt angeschlossen werden (als vorübergehende Notlösung). Leistungsmäßig gesehen wird der 75-PS-Motor dann den vorliegenden Anforderungen ohne weiteres entsprechen. Indessen gestatten die hierbei erreichten Gütewerte: Wirkungsgrad, Leistungsfaktor, Erwärmung usw. nur eine vorübergehende, also eine Notlösung, die nach der Instandsetzung des 50-PS-Motor schleunigst beseitigt werden muß.

## Interessante Fälle aus der Instandsetzungspraxis

### Ein Drehstrommotor mit Asbestdrahtwicklung wurde erfolgreich mit Lackdrahtwicklung ausgerüstet.

**Sachverhalt:** Ein Drehstrommotor mit Astbestdrahtwicklung, der an seinem Aufstellungsort nicht nur hoher Raumwärme, sondern auch einer hohen spezifischen Belastung und damit einer Erwärmung nach REM § 38/39 Werkstoffklasse B—C ausgesetzt war, erhielt wiederholt Wicklungsschäden.

Nach jeweils sorgfältiger Neuwicklung mit Asbestdraht und anschließender Imprägnierung in bestem Öl-Isolierlack trat nach verhältnismäßig kurzer Zeit erneut ein Wicklungsschaden ein.

Es wurde mit Sicherheit festgestellt, daß die Wicklungsschäden auf eine nicht ausreichende Backfestigkeit und Wärmebeständigkeit des Imprägnierlackes, d. h. auf einen frühzeitigen Zerfall des Isolierlackes durch zu hohe Wicklungswärme zurückgeführt werden konnten. Die einzelnen Windungen und Lagen der Wicklungen hatten infolge des Isolierlackzerfalles den Zusammenhalt (Kurzschlußfestigkeit) verloren. Die Drahtisolation zeigte deutliche Spuren hoher mechanischer Beanspruchung (Abrieb der Asbestumspinnung durch Scheuerwirkung) und als Folge hiervon elektrische Durchschläge.

Da asbestisolierter Draht nicht mehr zu beschaffen war, mußte der Dringlichkeit halber nach einer anderen Lösung gesucht werden.

**Beseitigung des Mangels:** Bei der Betrachtung der gegebenen Verhältnisse wurde davon ausgegangen, daß Asbest nicht nur ein sehr schlechter Wärmeleiter ist, sondern auch als Drahtumspinnung einen vergleichsweise großen toten Wickelraum beansprucht. Der sogenannte Nutenfüllfaktor ist bei Asbestdrahtwicklung in der Regel ungünstiger als bei Drähten mit 2 × Bw.-Umspinnung.

Würde man auf die Asbestisolation verzichten, und an deren Stelle eine Lackisolation wählen, dann könnte der Leiterquerschnitt erheblich verstärkt und damit die spezifische Strombelastung wesentlich herabgesetzt werden. Es mußte demnach möglich sein, auf diesem Wege auch die betriebsmäßige Wicklungswärme nennenswert herabzusetzen und hierdurch eine höhere Betriebssicherheit des Motors zu erreichen. Diese Annahme hat sich in vollem Umfang bestätigt.

Lackdraht gehört zur Werkstoffklasse B und hat dem Asbestdraht gegenüber den großen Vorteil einer wesentlich besseren Stromwärmeabgabe und eines noch besseren Nutenfüllfaktors.

Gelegentlich der Instandsetzung wurde die Wicklung in Lackdraht stärkeren Querschnittes (mehrere Drähte parallel) hergestellt und anschließend in einem wärmebeständigen Kunstharz-Isolierlack imprägniert. Das Ergebnis war überraschend gut. Die betriebsmäßige Wicklungswärme lag bei sonst gleicher Belastung und Kühlmitteltemperatur nennenswert niedriger als bei der vorherigen Asbestdrahtwicklung. Die Betriebssicherheit des Motors wurde im vollen Umfang erreicht bzw. nennenswert erhöht.

Bei dieser Gelegenheit sei darauf hingewiesen, daß zwecks Erzielung einer glatten Drahtoberfläche bei der Herstellung von Asbestdraht vielfach Wachs- oder Paraffingemische verwendet werden. Der Draht erhält dadurch wohl eine glatte, schlüpfrige Oberfläche, aber auch den großen Nachteil, daß diese Fettstoffe die Imprägnierung der fertigen Wicklung erschweren, in manchen Fällen sogar unmöglich machen. Die Fettstoffe verhindern oder erschweren die Trocknung der Öl-Isolierlacke, insbesondere aber die angestrebte Backfestigkeit der Wicklungen.

In sehr vielen Fällen, die natürlich vorher je für sich sorgfältig nach allen Richtungen hin geprüft werden müssen, wird ein Ersatz der ursprünglichen Asbestdrahtwicklung durch eine sorgfältig errechnete und richtig imprägnierte Lackdrahtwicklung günstigere Betriebsergebnisse bringen. Ra.

Verlag: Technischer Verlag Herbert Cram, Berlin W35, Woyrschstr. 13. Fernsprecher: 9122 30, Postscheckkonto: Berlin 32647. — Druck: Achilles-Druck, Berlin SW61, Tempelhofer Ufer 17. Herausgeber: Fritz Raskop, (13b) Friesenried/Allgäu.

FSC
www.fsc.org
MIX
Papier | Fördert
gute Waldnutzung
FSC® C083411

Zeitfracht Medien GmbH
Ferdinand-Jühlke-Straße 7
99095 Erfurt, Deutschland
produktsicherheit@kolibri360.de